COURS

DE

MATHÉMATIQUES

A L'USAGE DE

L'INGÉNIEUR CIVIL,

PAR J. ADHÉMAR.

APPLICATIONS

DE GÉOMÉTRIE DESCRIPTIVE.

PONTS BIAIS.

EXTRAIT DU RECUEIL DES EXERCICES ET QUESTIONS DIVERSES.

PARIS.

CARILIAN-GOEURY ET Vᵒʳ DALMONT, Libraires, quai des Augustins, 49.
BACHELIER, Libraire, quai des Augustins, 55.
MATHIAS, Libraire, quai Malaquais, 15.
L. HACHETTE ET Cⁱᵉ, Libraires, rue Pierre-Sarrazin, 14.

1855

Paris. — Imprimé par E. THUNOT et Cⁱᵉ, 26, rue Racine, près de l'Odéon.

4094

COURS

DE

MATHÉMATIQUES

A L'USAGE DE

L'INGÉNIEUR CIVIL,

PAR J. ADHÉMAR.

————⟨⟨⟨⟩⟩⟩————

APPLICATIONS

DE GÉOMÉTRIE DESCRIPTIVE.

————⟨⟨⟨⟩⟩⟩————

PONTS BIAIS.

EXTRAIT DU RECUEIL DES EXERCICES ET QUESTIONS DIVERSES.

———————⟨⟩———————

PARIS.

CARILIAN-GOEURY ET Vor DALMONT, Libraires, quai des Augustins, 49.
BACHELIER, Libraire, quai des Augustins, 55.
MATHIAS, Libraire, quai Malaquais, 15.
L. HACHETTE ET Cie, Libraires, rue Pierre-Sarrazin, 14.

1855

Paris. — Imprimé par E. THUNOT et Cie, 25, rue Racine, près de l'Odéon.

COURS

DE

MATHÉMATIQUES

A L'USAGE DE

L'INGÉNIEUR CIVIL,

PAR J. ADHÉMAR.

APPLICATIONS
DE GÉOMÉTRIE DESCRIPTIVE.

PONTS BIAIS.
CHEMINS DE FER.

PARIS.

VICTOR DALMONT, Quai des Augustins, 49.   MALLET-BACHELIER, Quai des Augustins, 55.
LACROIX-COMON, Quai Malaquais, 15.   L. HACHETTE, Rue Pierre-Sarrazin, 14.

1856

Paris. — Imprimé par E. THUNOT et Cⁱᵉ, rue Racine, 26, près de l'Odéon.

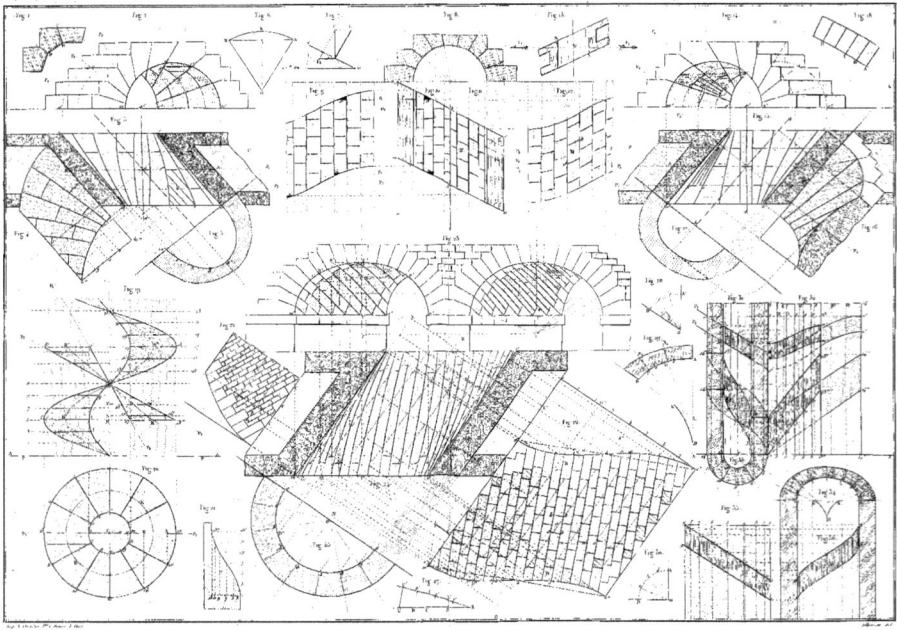

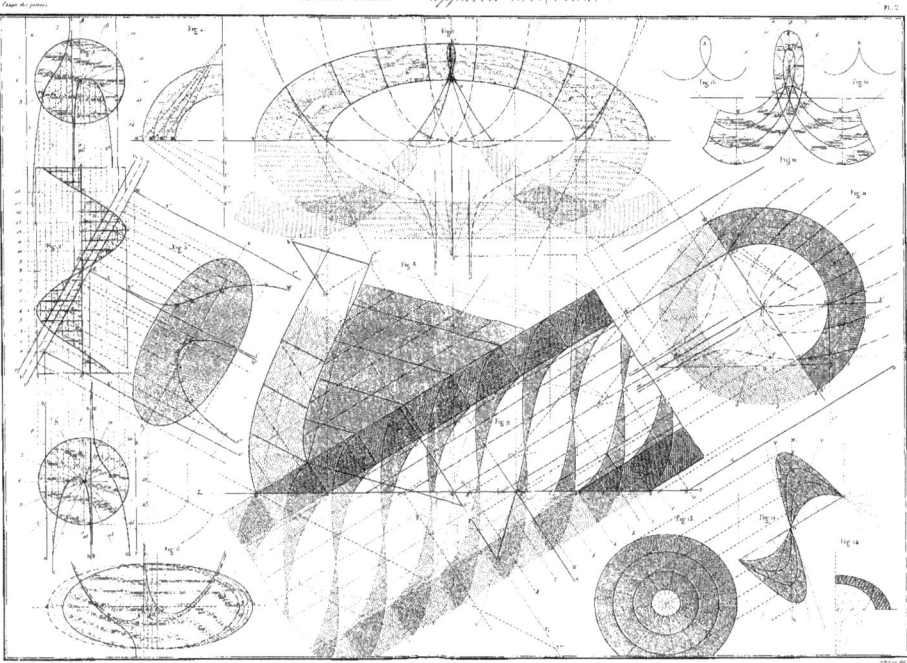

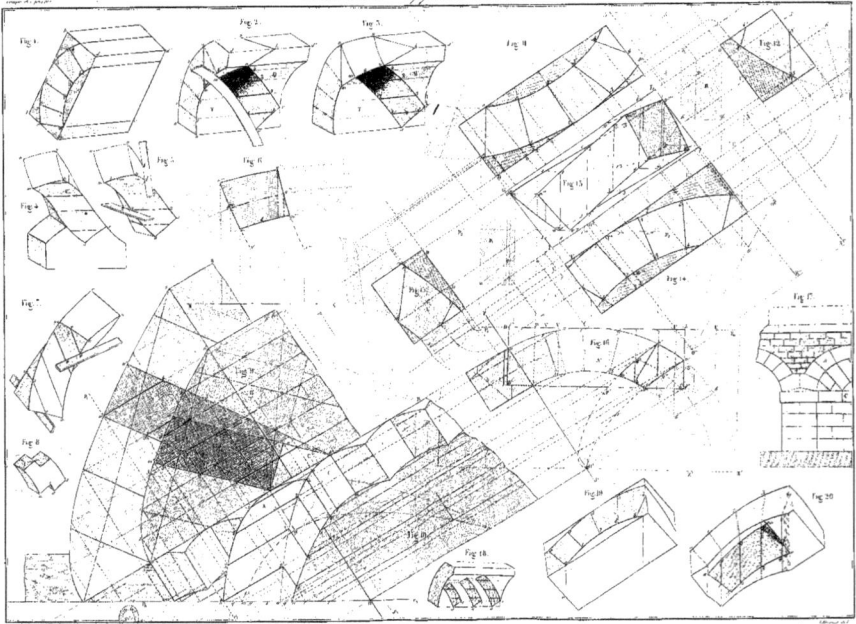

Pl. 4

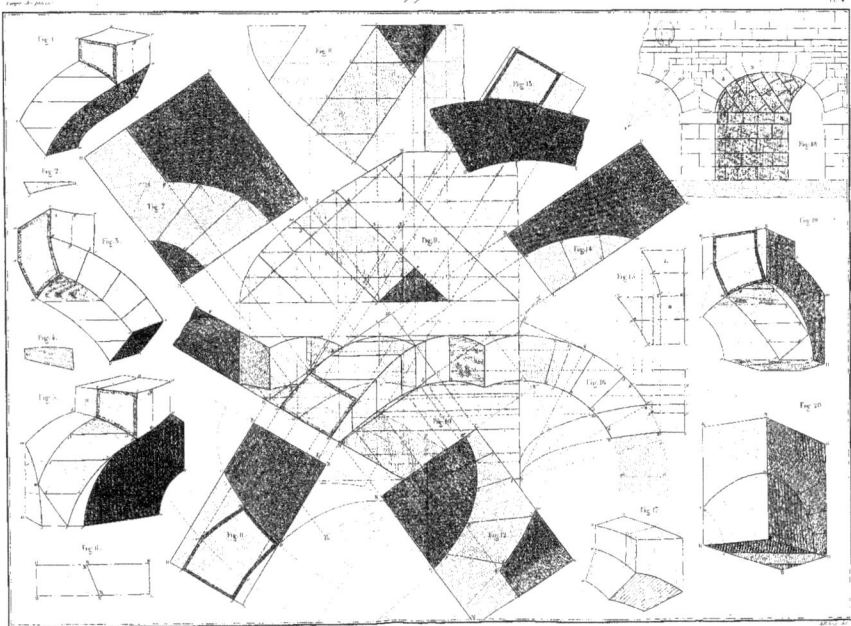

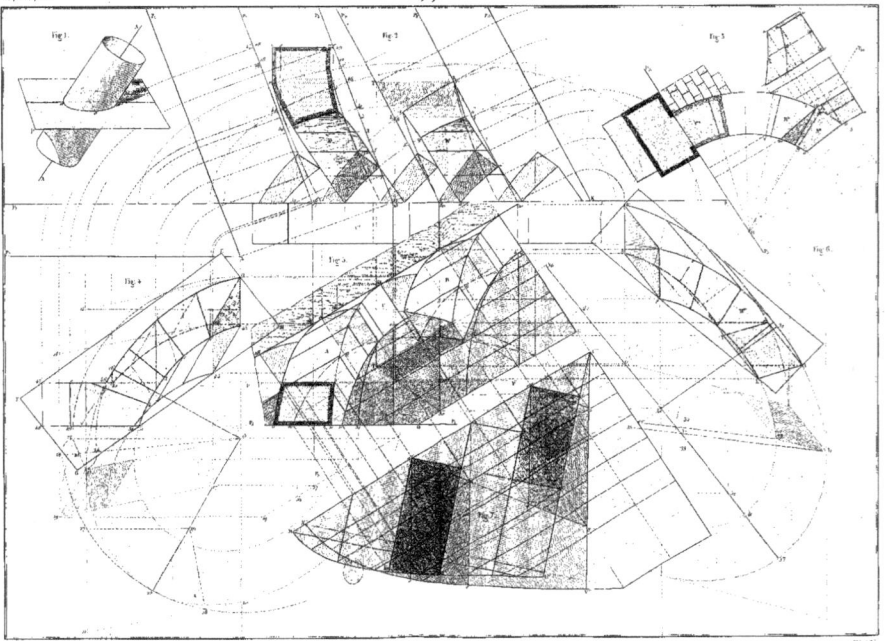

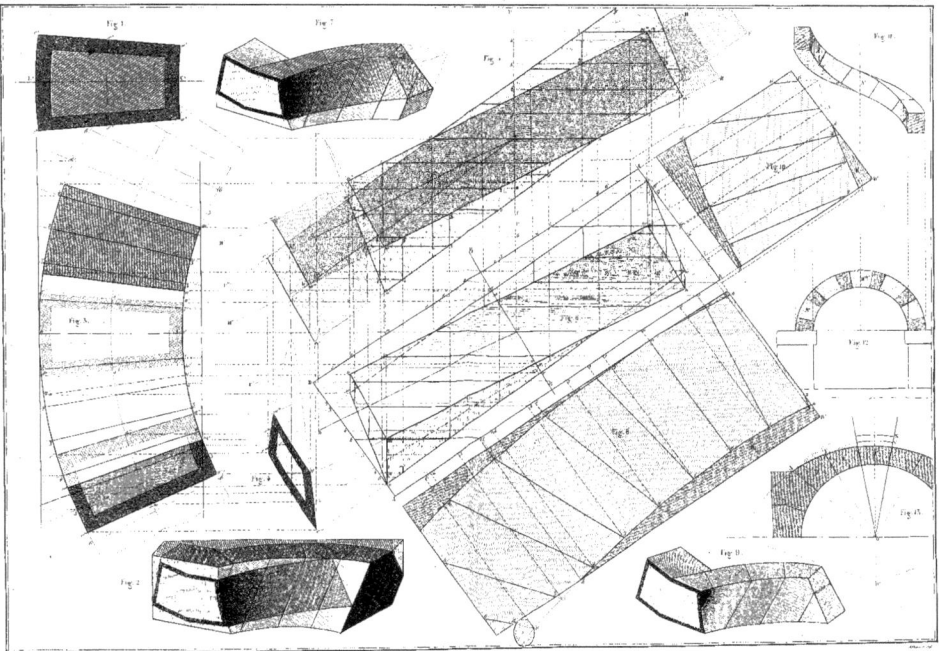

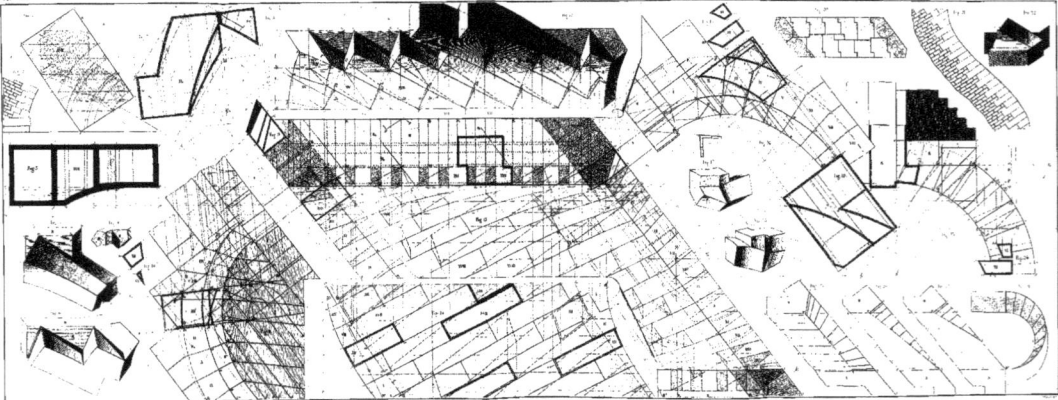

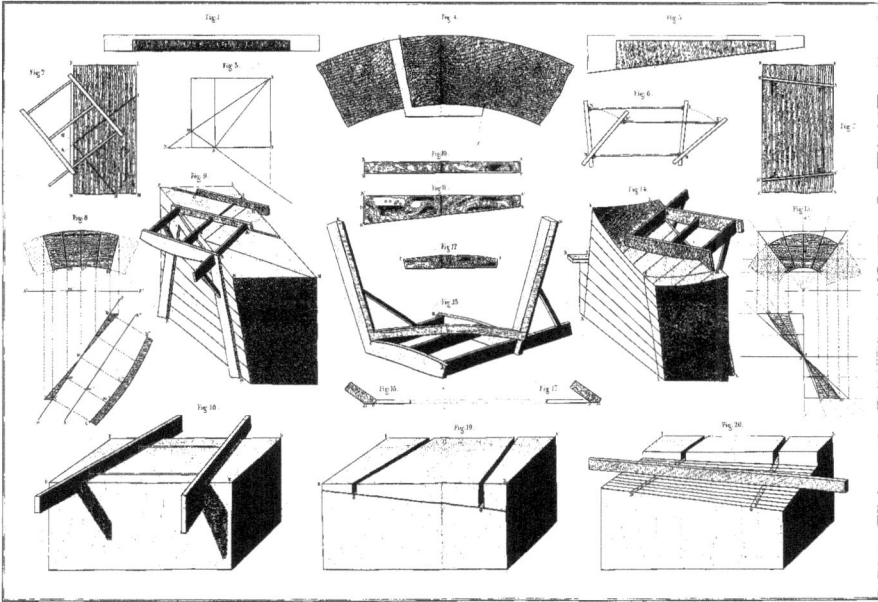

Pl. 4

Pl. 8

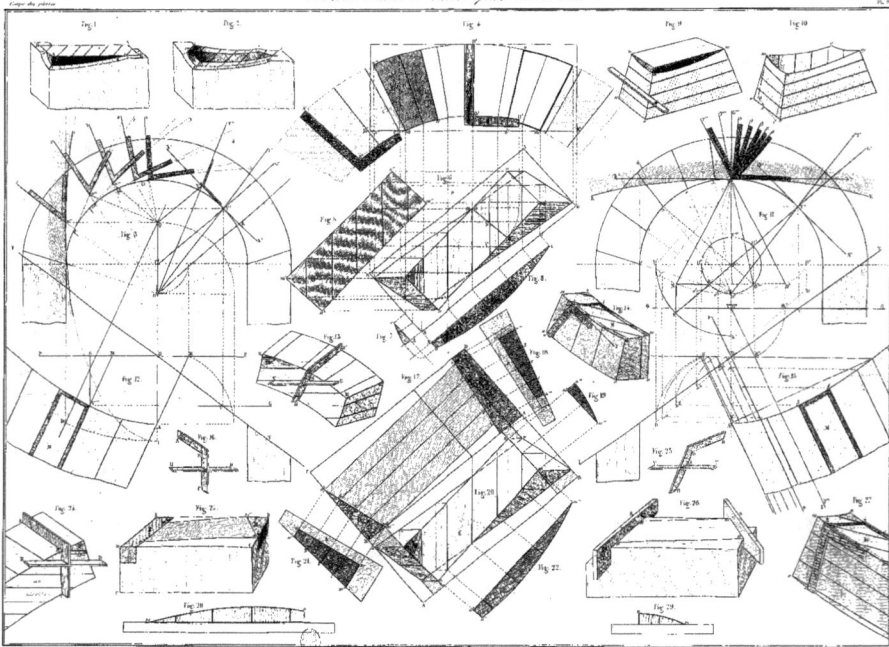

Ponts biais — Berceau circulaire — Joints normaux

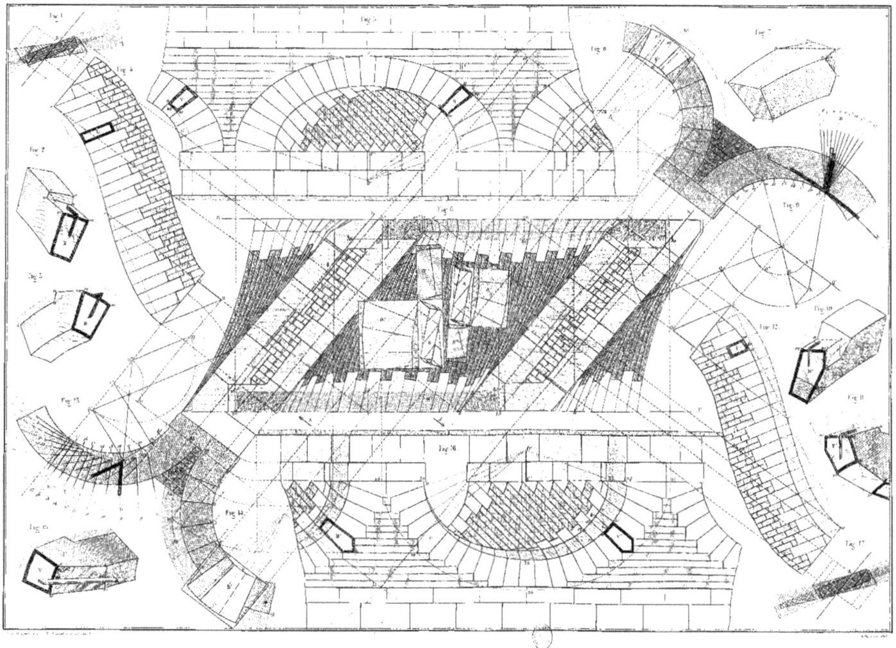

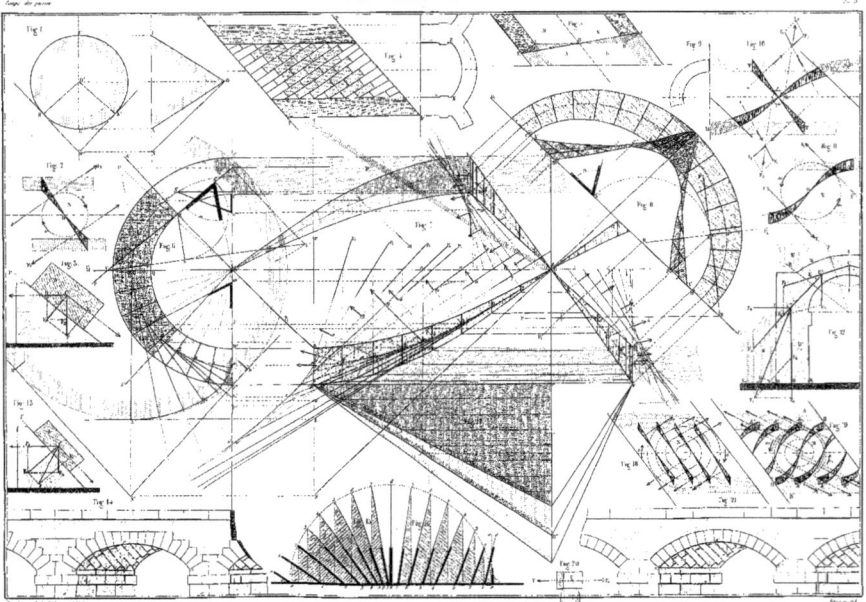

Pl. 3

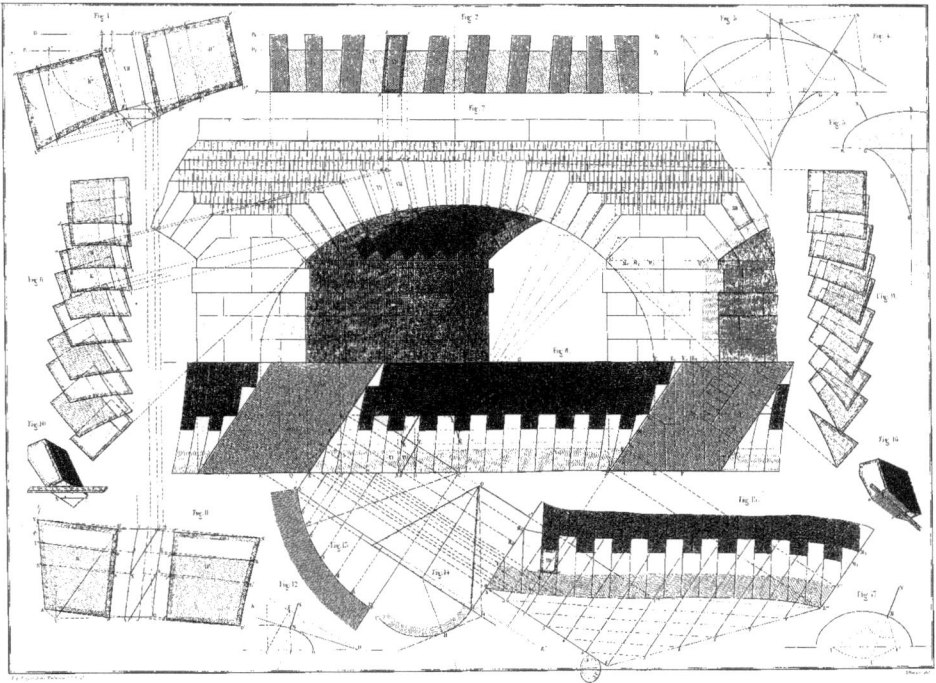

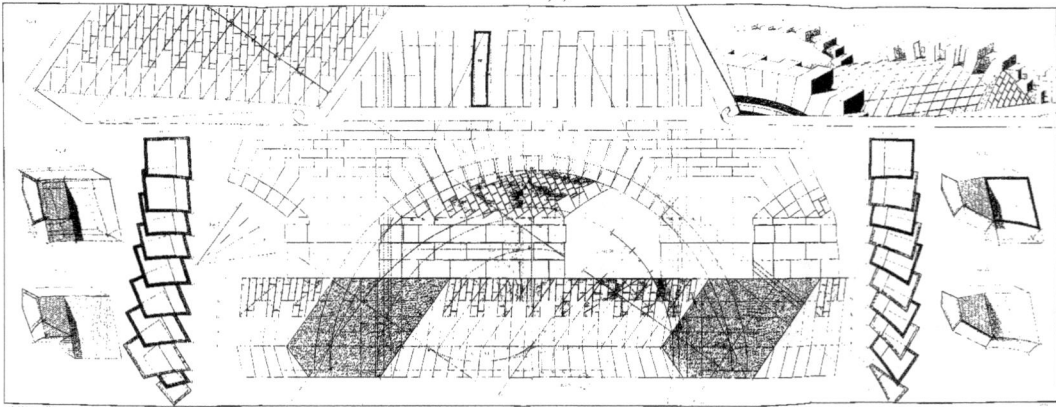

Pl 14

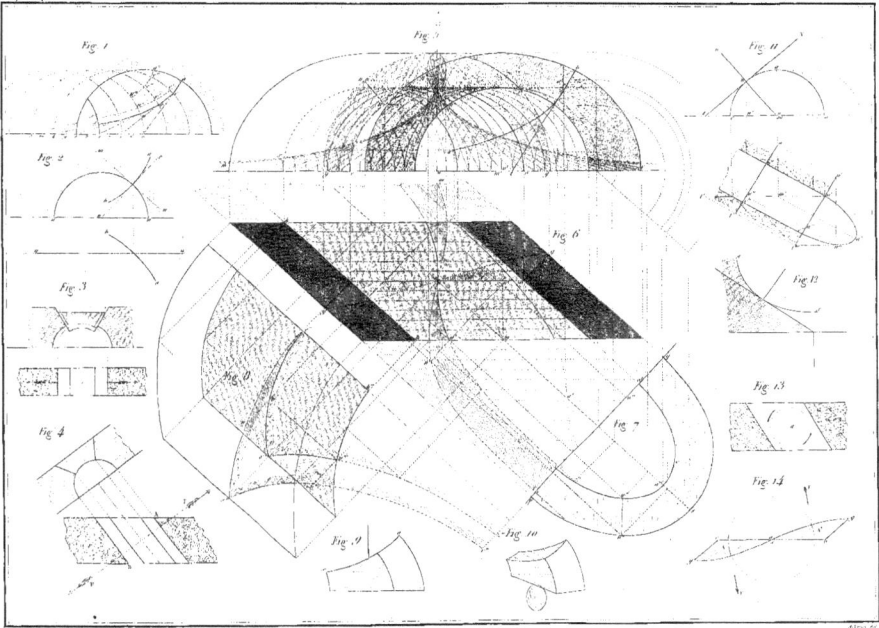

Fig 1

Fig 2

Fig 3

Fig 4

Fig 5

Fig 6

Fig 7

Fig 8

Fig 9

Fig 10

Fig 11

Fig 12

Fig 13

Fig 14

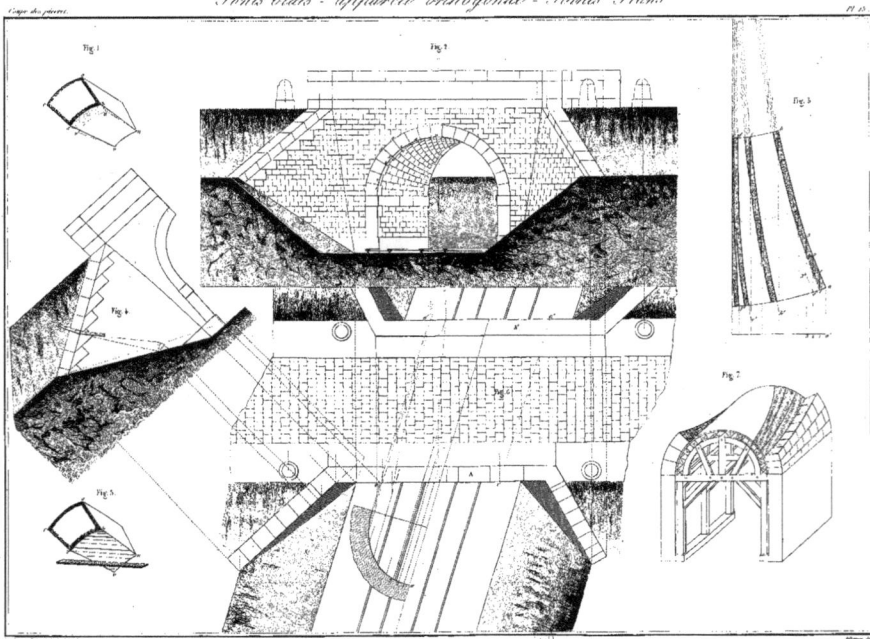

Fig. 1

Fig. 2

Fig. 3

Fig. 4

Fig. 5

Fig. 6

Fig. 7

Pl. 16

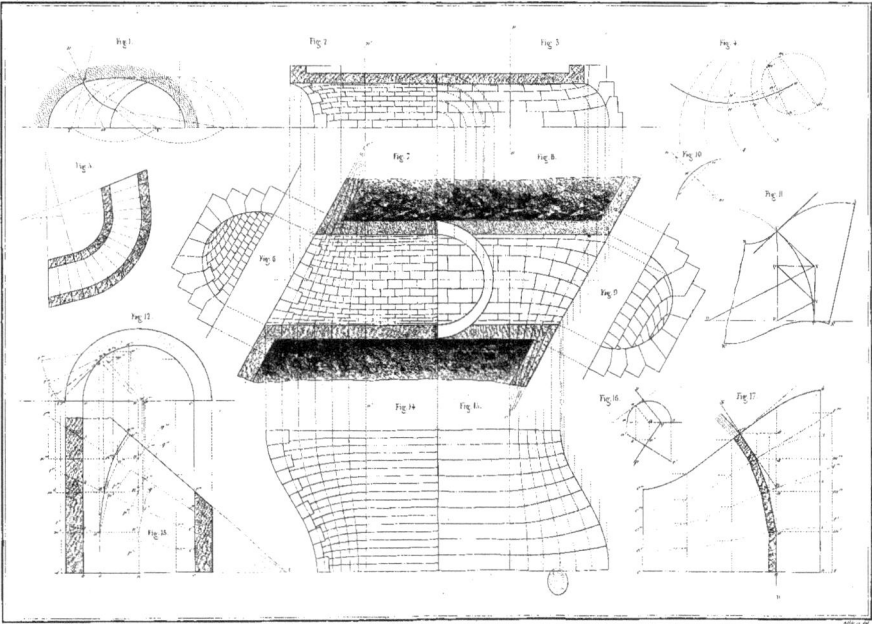

Fig. 1 — Fig. 2 — Fig. 3 — Fig. 4 — Fig. 5 — Fig. 6 — Fig. 7 — Fig. 8 — Fig. 9 — Fig. 10 — Fig. 11 — Fig. 12 — Fig. 13 — Fig. 14 — Fig. 15 — Fig. 16 — Fig. 17

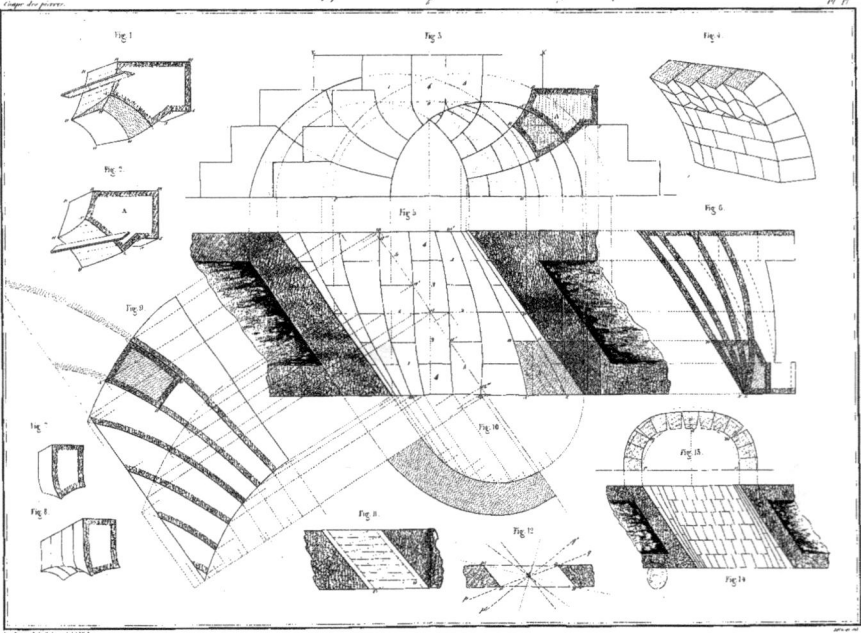

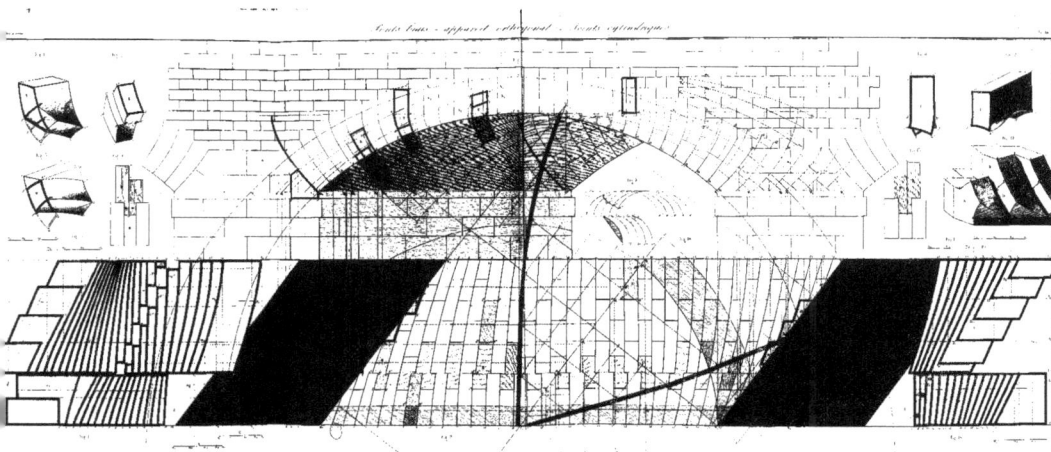

Pl. 40

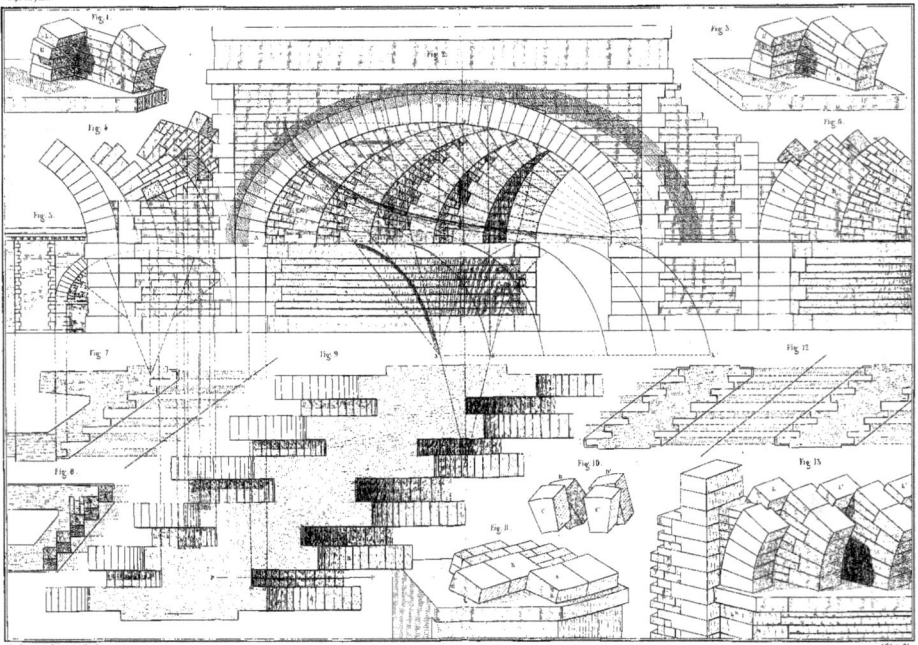

Fig. 1.
Fig. 2.
Fig. 3.
Fig. 4.
Fig. 5.
Fig. 6.
Fig. 7.
Fig. 8.
Fig. 9.
Fig. 10.
Fig. 11.
Fig. 12.
Fig. 15.